优秀财商读本 培养孩子树立正确的财富观

童眼看财富

Tongyan Kan Caifu

冯伟 谢廖斌 著

钱是从哪里来的？

我们家很穷吗？

西南财经大学出版社

TO.
From.

前　言

播撒财商的种子

冯　伟

“面子一斤多少钱？”

“买保险是保险车子不撞坏吗？”……

不知您是否遇到过孩子提出这样的问题，这些问题让我们做父母的时而忍俊不禁，时而又陷入思考。这些问题中很多都和“金钱”、“财富”、“财经知识”有关系。我们惊喜地发现，原来孩子很善于观察和思考生活，财经敏感性很强，如果能很好地捕捉和引爆这些潜在的“财商因子”，那便是活学活用的财商教育了。

我虽然是学经管专业出身的家长，但也常常不知道如何很好地去解答这些天真烂漫的“财经小问题”，尤其是应该如何从孩子的角度去解释和启迪孩子思维，很难找到系统的资料。

于是，我努力收集整理了孩子生活中问的财经问题，借鉴了国内外前沿的财商教育理念，形成了这套“金萌萌财商启蒙”。我希望这套书能给孩子的父母提供一些关于解答孩子与财富、财经知识的初步方法。

因为孩子们的问题都来源于真实的生活，所以我们在解答和引导时，不应该拘泥于程式化的经济学公式和概念，它们有些并没有所谓的“标准答案”。为了让孩子更容易理解，书中在解答时，会结合有趣的故事和好玩的财商游戏，让孩子在故事中去思考和总结；游戏体验中去懂得劳动与付出，形成自立自强的品格；为此，本套书设置了“财商小体验”“寄语父母”“萌爸的建议”“多角度看故事”等多个互动板块，让家长在和孩子共同成长的过程中，点拨、启蒙、培养孩子的创新能力，开阔孩子的视野与思维，让孩子在潜移默化中形成初步的财商意识。

每个孩子都是充满希望的。只有父母用心去播撒“财商”这颗种子，才能让我们的孩子从小受到良好的经济观念的熏陶，树立起健康向上的价值观，在人生这场长跑中充满快乐、积极的正能量。

最后，我要真诚地感谢四川师范大学数字传媒学院的陆依然、王通、李萍、田嫚同学，是他们为本套书提供了生动活泼的插图。

书中可能存在一些不足和瑕疵，希望您在阅读时能去伪存真、灵活运用。

目录

了解金钱的概念

懂得劳动与付出的意义

树立科学健康的财富观和价值观

形成存钱和理性花钱的意识

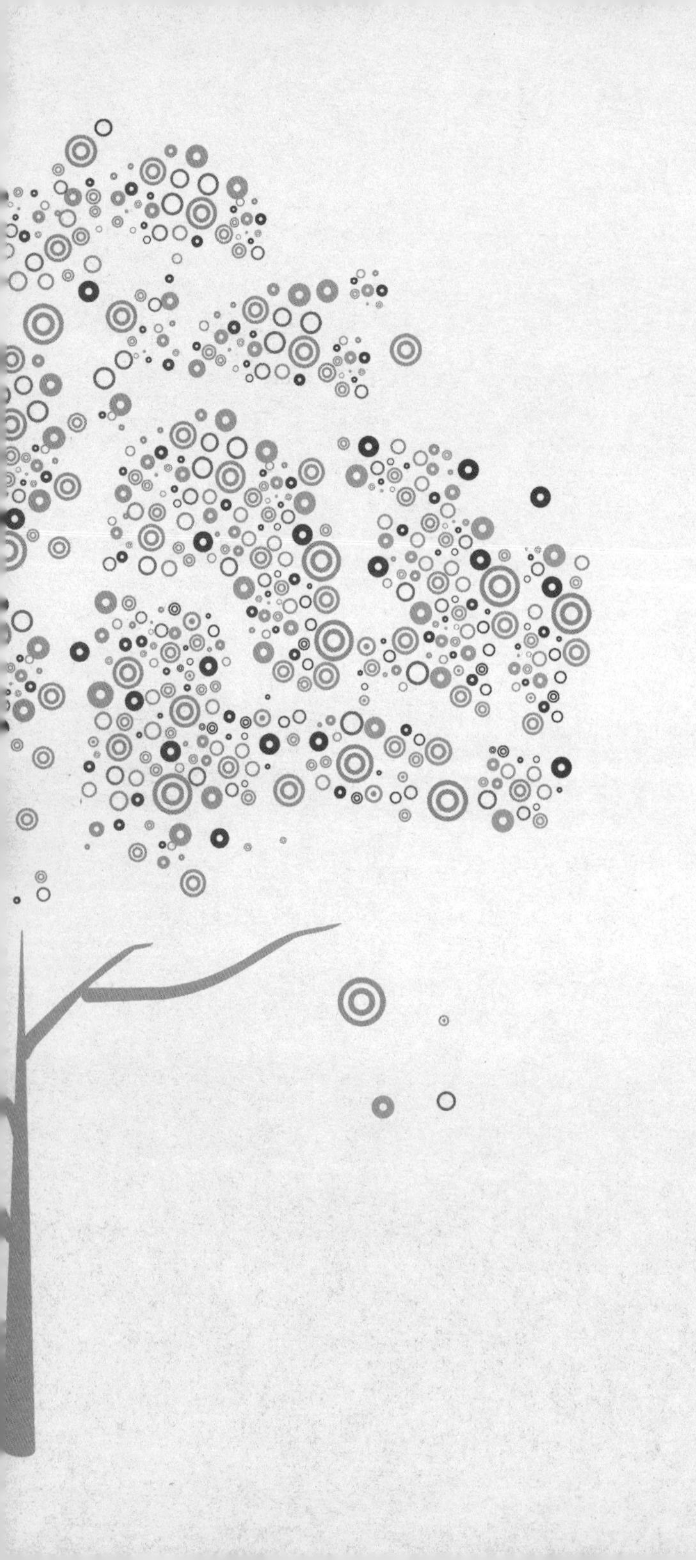

1 钱是什么东东？

星期天下午，萌萌一进屋，急匆匆地对爸爸说：“爸爸，您有没有七块钱？我要买支水枪来玩儿。”

爸爸说：“有哇。”

萌萌爸拿出一张五元和两张一元的钱给萌萌，结果萌萌嘟着嘴，说：“我只要一张七块钱的钱，我不要这么多张。”

萌萌爸：“这三张加起来就是七块钱啦。”

萌萌疑惑地拿着钱去买水枪，不一会儿，萌萌买回了水枪并高兴地玩了起来。

玩了一会儿，萌萌爸把萌萌叫过来，“萌萌，爸爸给你介绍个朋友。”

“谁呀？在哪啊？”

萌萌爸拿出准备好的硬币和纸币放在桌子上，然后对

萌萌说："萌萌，就是它们。""啊？"萌萌丈二和尚摸不着头脑。"这些是我们平常生活中会用到的钱啊。你看，这个是硬币，这个是纸币。"

萌萌爸摸摸萌萌的头，接着说："我们现在用的人民币面值有1角、2角、5角、1元、5元、10元、20元、50元、100元等。其中1元的，还分为1元硬币和1元纸币喔。"

"萌萌，你来看看这三个硬币，有什么不同的地方？"萌萌爸在手心里放了三个硬币。

萌萌看了一会说："颜色不一样，还有大小不一样，上面还有字。"

萌萌爸："对。你仔细看，1元的硬币就印有'1元'的字样，1角和5角的硬币也是有字的，上面都有数字和汉字，可以从上面认出来是多少钱。"

萌萌说："所以今天买的水枪是七块钱，我是不是可以用七个'1元'买水枪呢？"

萌萌爸："萌萌真棒。今天我给你的是一张'5元'的纸币加上两张'1元'的纸币。但也可以用七张"1元"的纸币或是七

1 钱是什么东东？

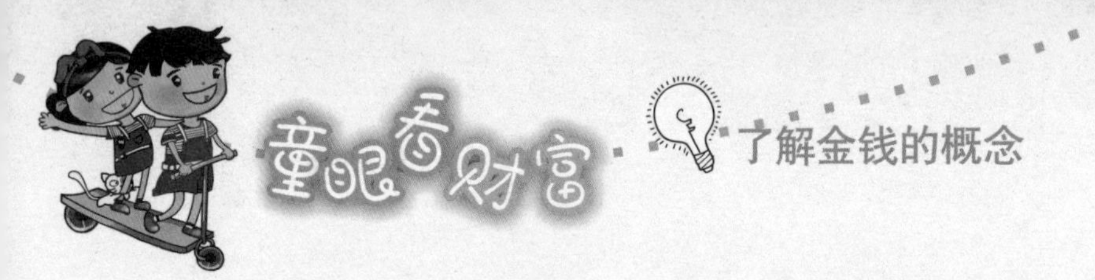

个‘1元’的硬币买水枪。这就叫金钱的换算。”

萌萌：“那1角和5角要怎么换算呢？我不会，爸爸教教我。”

萌萌爸：“两个5角就等于1元，5个1角就等于5角。”

接着萌萌爸把两个5角硬币放在萌萌的左手，再把1元的硬币放在萌萌的右手。

萌萌爸说：“你现在拿着左手和右手的1元，去巷口买你最喜欢吃的牛皮糖回来。你先给老板左手的1元，看看他给你几块牛皮糖？再给他右手的1元，看看能买几块牛皮糖？”

萌萌高高兴兴地出门去了。不一会儿，就回到爸爸面前，晃晃手上的牛皮糖：“爸爸，爸爸，左手的1元买到两块牛皮糖，右手1元也买到两块牛皮糖呢。”

萌萌爸：“乖。这下你懂了吧。那现在你告诉爸爸多少个1角等于1元啊？”

萌萌数着硬币说：“两个5角就等于1元，5个1角就等于5角。10个1角也等于1元。”

萌萌爸笑呵呵地说：“那能买几个牛皮糖啊？”

“1元只能买两个牛皮糖。“萌萌大声地说着。

萌萌爸笑着：“你把硬币翻过来看看，在1元的背面有一朵菊花，5角是荷花，1角是兰花，你要看清楚，使用的时候才不会搞错。”

萌萌：“爸爸，我知道了，但我认不出这是什么花呢。”

“那改天爸爸带你去植物园，那有很多花，还有很多其他植物。”萌萌爸慈爱地看着萌萌：“你还记得上回我们去桂林吗？你还说那山看起来像竹笋一样。20元背面的图案就是桂林的好山好水，还记得我说过，‘桂林山水甲天下’吗？”

萌萌惊喜地叫了起来：“记得，这个地方我去过。看起来很好‘吃’的地方。”

萌萌爸秀着手上不同的纸币说：“咱们第五套人民币纸币背面有很多的风景呢，1元钱背面是杭州西湖十景之一的‘三潭印月’；5元钱背面是泰山的观日峰；10元钱背面是长江三峡的西大门，夔门，又叫瞿塘关。50元钱背面的图案是西藏布达拉宫，100元背面是人民大会堂。这些都是有名的地方，以后我们有时间都去看看。”

萌萌爸：“萌萌，咱们看了这么多的纸币和硬币，你知不知道

钱是从哪里来的呢？”

萌萌：“钱是妈妈从银行里取的。”

萌萌爸：“虽然钱是从银行里取的，但钱是爸爸、妈妈靠劳动挣来的。”

萌萌点着头。

萌萌爸：“爸爸妈妈去上班，用自己的劳动换取等额的金钱，这就是工作，这就是赚钱的方式之一。”

萌萌：“爸爸，我听得不是很明白。”

萌萌爸：“警察叔叔在指挥交通，清洁工人在扫地，售货员在卖东西……这都是他们的工作，人们通过辛勤地工作，赚取钱财，然后照顾家里的生活，同时也实现了自己的价值，对社会做出了贡献。”

萌萌：“我懂了。爸爸妈妈工作很辛苦，我也要努力地学习本领，长大后独立自主，好好工作。”

让孩子认识和了解货币的历史知识，在此过程中，启发孩子多角度地发现和思考，比如“人民币背后的祖国美景”“圆形方孔钱币里的中国文化”.

2 钱有儿子和孙子吗？

再过几天就要过年了，大街上车来车往，比往常还忙碌。萌萌住的小区也挂上了“福”、“禄”、“寿”、“新年快乐”等象征吉利的挂件儿。

萌萌每天都很兴奋，跟着妈妈买新衣服、吃的和用的。等到除夕这天晚上，萌萌还跟着爸爸妈妈放烟花、爆竹，迎接新年。萌萌也穿上新衣服，跟爸爸、妈妈到亲戚朋友家送贺礼、逛庙会。

大年初一，爸爸一只手牵着萌萌，另一手拿着一大篮的补品和水果到奶奶家拜年。

“新年快乐。”萌萌逢人就喊：“舅舅、舅妈，新年快乐。”

大家都夸奖萌萌有礼貌，笑呵呵地把红包放进萌萌的小口袋。

“新年快乐，给萌萌一个红包，去买喜欢的玩具吧。”舅舅说。

奶奶也慈祥地摸摸萌萌的头说：“萌萌最乖了，这红包给你买糖吃。”

“奶奶，糖吃太多，如果不刷干净牙齿，牙齿会掉光光的。我可不要。”萌萌拉着奶奶这样说。

大家听了，哈哈大笑起来。

欢乐的春节过完了，有一天奶奶就问萌萌：“你今年收到多少红包啊？”

萌萌跑回房间，拿出红包得意地回答：“我有1000元。”

萌萌妈：“萌萌，你把红包给我，我替你保管。等萌萌今年

上学了，我们可以用这些钱去买书和书包。”

萌萌：“不行，这是给我的钱，我要自己拿着。”

“那奶奶帮你存在银行里。”奶奶笑着说。

萌萌说：“放在银行要多久才能领回来呢？我不要嘛，我想用这些钱买洋娃娃和小飞机。”

“可是放在银行里有利息啊。钱会生很多‘钱儿子’和‘钱孙子’啊。有了‘钱儿子’、‘钱孙子’，就可以买更多的洋娃娃和小飞机了。”萌萌妈接着说。

“那什么是利息呢？为什么有‘钱儿子’和‘钱孙子’呢？”萌萌问妈妈。

萌萌妈：“利息就是我们把钱存入银行里，等到了一定时间多出来的钱，这就是‘钱儿子’。而我们的钱再加上利息，再等过了一段时间又会再多出一笔钱，这就叫做‘钱孙子’。”

萌萌听见妈妈这样说，觉得钱还会生‘钱儿子’和‘钱孙子’很有趣，继续地问：“妈妈，你多说一点嘛，我想要有很多子子孙孙，和奶奶一样。”

“‘钱儿子’和‘钱孙子’是根据利率、存钱的多少和存款的日期长短来计算的。”

“嗯，嗯。”萌萌边听妈妈讲，边不断地点头。

萌萌妈：“简单说来，利息计算有个公式：一年的利息=本金×年利率。”

“妈妈，我一点都不懂。”萌萌说。

萌萌妈：“你把你现在的1000元想成‘钱爸’‘钱妈’，这就是本金。‘钱爸’、‘钱妈’在银行待一年就可以生下‘钱儿子’、‘钱女儿’，这就叫利息了。利率决定利息的多少。”

萌萌把眼睛瞪得更圆了一些，“那什么是利率呀？”

“现在银行的年利率是3.5%；那这样一年后你就可以拿到1035元，这35元就是你的利息，也就是‘钱儿子’啦。发现‘钱爸’、‘钱妈’生‘钱儿子’了吗？”

“有啊。我多了35元。”萌萌回答道。

“那利率是什么呢？”萌萌妈接着问。

“好像是那个3.5%的东西，我没听说过呢。”

“萌萌没听说过的事还很多。你要仔细听，好好记起来。利率就是决定‘钱爸’、‘钱妈’生多少‘钱儿子’、‘钱女儿’

的魔法。”

“魔法啊？那可以变出‘钱儿子’和‘钱女儿’啊。我也要会变魔法。”

萌萌眼睛睁得大大的，里面还闪着光，那是求知的智慧之星。

“这只是个小魔法。当你把‘钱爸’、‘钱妈’加上‘钱儿子’和‘钱女儿’一直放在银行里，就会看到‘钱孙子’了。最大的魔法是你一年一年不停地把钱存进去。等到你十八岁时，你的钱就儿孙满堂了。”

“哇。这还叫小魔法啊。”萌萌叫着。

萌萌妈说：“我们刚讲的只是魔法的一种，叫做活期存款利息。还有一种魔法，叫做定期存款利息。”

“定期存款？这是什么魔法呢？”萌萌又听不懂了。

“就是我们把钱存到银行里，在约定的时间里都不去用它。因为我们延后了花费，所以银行给我们更多的补偿，这就是更多的利息、更大的魔法。”

萌萌妈接着说：“通常我们等个几年才能领用的，妈妈就帮你选五年期的定存。你再向奶奶拜五次年就可以领取了。你快拿着红包，咱们一起存到银行去，好不好？”

萌萌着急地说：“好的，妈妈。但是，先帮我买个洋娃娃再去银行变魔法啊。”

“呵呵，定存魔法可不是这样变的呢，要先生出‘钱儿子’和‘钱孙子’才能买洋娃娃。”萌萌妈笑着说。

说着说着萌萌就和妈妈去银行了。

财商小游戏

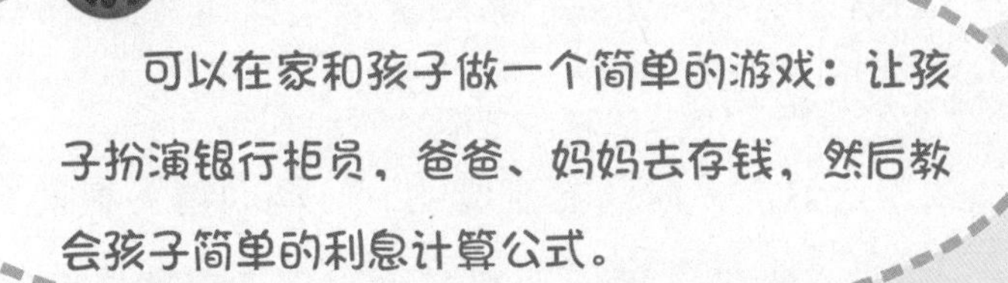

可以在家和孩子做一个简单的游戏：让孩子扮演银行柜员，爸爸、妈妈去存钱，然后教会孩子简单的利息计算公式。

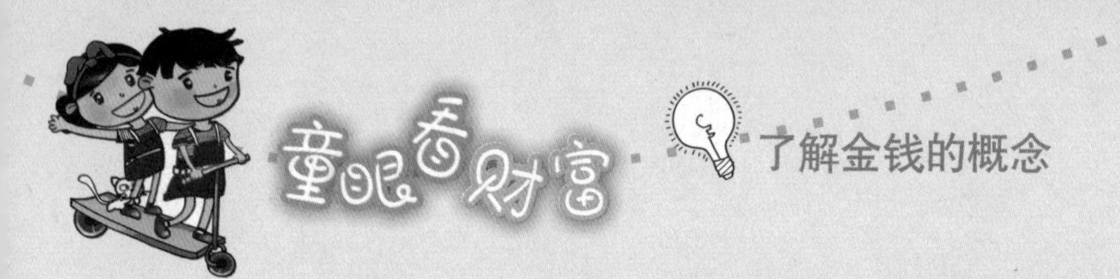

3 游戏币可以买到棒棒糖吗？

天气晴朗的早上，萌萌爸和萌萌在小区的花园里玩耍。

萌萌："爸爸，我想去打电玩，可以吗？"

萌萌爸："好啊。可是只能玩一会儿哦。下午我们还要出去活动呢。"

萌萌背好她的小熊背包准备和爸爸一起到电玩城去。

萌萌爸说："等等，我忘了带我的皮夹，等我回家去拿。"

萌萌："爸爸，去电玩城打电玩，不用花钱，只要给游戏币。"

萌萌爸笑了，说："游戏币要用钱买呀，我们给电玩城的阿姨钱买游戏币。这是交换的概念。所以，还是要用钱买的。"

萌萌："哦，交换？就是像买牛皮糖一样，我给老板1元，和老板交换牛皮糖。"

"就是这样。萌萌真是聪明。"萌萌爸笑着说。

萌萌在电玩城里玩得很高兴，还开着赛车上了小跑道。但是

脚不够长，碰不着踏板，人是半站半坐的，模样很是逗趣可爱。旁边的大人们看着都笑了。

萌萌玩了两个小时的电玩，高兴极了。在回家的路上，萌萌爸说："游戏币和钱是有区别的，你把钱放进去，游戏机还是不能用，对不对？"

萌萌："对的，那钱是什么？"

萌萌爸想了想回答："钱是一种被大家所认同的货币，做为交换的基础。你看看我手上的游戏币，可以去巷口买牛皮糖吗？我们去试试看。"

萌萌伸手拿起萌萌爸手上的游戏币："好，我们走。"

到了巷口的杂货店："老板，我要买牛皮糖。"萌萌把手上的游戏币交给老板。

老板看了看，笑着摇摇头："我们不收这种游戏币的。"说着就和萌萌爸一起大笑了起来。

"爸爸，老板说不卖给我们牛皮糖。还笑我呢。"萌萌嘟起嘴。

"萌萌乖，交换的基础是在双方都认同的情况下喔。老板不认为游戏币对他来说有交换的价值。电玩城认可游戏币，是因为

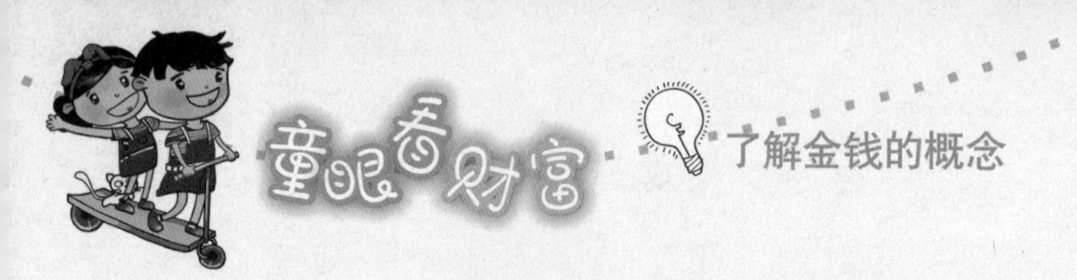

我们是用钱和电玩城交换游戏币，所以也可以用游戏币和电玩城换回钱或是玩游戏。在电玩城游戏币又称代币，代替钱的币。”

萌萌：“游戏币是代币，但只在电玩城才能用，我懂了。”

萌萌爸买了1元钱的牛皮糖给萌萌，谢过老板，就牵着萌萌的手，往小区走。

回到小区后，萌萌爸拉着萌萌坐在小板凳上：“萌萌，爸爸再给你讲讲什么是钱？

在很久以前，人们还没有发明钱的时候，都是以物换物，就是用东西换东西。后来，人们发明了一种东西叫钱。人们用钱来买东西，卖东西换回来钱。钱就是一种交换的中介物，也可以理解为是一种衡量价值的工具。”

萌萌迷惑地重复：“衡量价值的工具”。

萌萌爸：“那时候的人们都是用自己有的东西，去交换另外一种东西，如住在山上的人们，养了很多牛、羊；住在山下的人们种植水稻、麦子。然后，山上的人用牛、羊去交换米和面粉，这样山上、山下的人互相都有米和肉吃。”

萌萌：“那个时候人们都没有钱和游戏币吗？”

萌萌爸：“是啊，很长一段时间大家都是用东西换东西，又

叫‘以物易物’。慢慢地，山上的人和山下的人交换的东西多了，同时还要同海边的人交换盐和鱼，这样东西换东西很不方便，就产生了交换东西的中间物——钱。”

“就是嘛，这个钱揣在口袋里，比赶一只羊去换东西方便多了。”

萌萌爸：“哈哈哈，最开始可没有这个纸币喔。最早人们用的是贝壳作为钱。住在山上的人们将牛、羊卖掉，收回来的就是

贝壳，然后又用贝壳去买盐和布。过了很久，人们才发明了圆形、方形的铁币或铜币当成钱来买东西，因为铁钱、铜钱不容易损坏。再后来就是用金子和银子当作钱，因为金子和银子很少。但是金子和银子都很重，也不容易保管。那时的人们都背一个口袋装钱，这样很容易被小偷偷走。所以，人们后来发明了纸币，纸币非常便于携带。你看现在大家都用纸币了，有时人们还用银行卡。”

“铁钱、铜钱、金子、银子，它们都是什么东西啊？我怎么从来没见过？”萌萌还是不太懂。

“萌萌，因为现在都不用那些了，你当然见不到了呀。爸爸带你去古玩市场吧，在那可以看到古代人们使用过的各种钱币喔。”

“好呀，好呀。”萌萌激动得拍手。

萌萌和爸爸来到古玩市场，古玩市场里各种古钱币琳琅满目。萌萌兴奋地转动着小眼珠，东看看、西摸摸，好奇得不得了。

“爸爸，爸爸，这些钱还能买东西吗？”

“不能了呀。因为它们已经不是我们这个年代的流通货币了喔。”

“那为什么刚才还有个叔叔花钱买这个钱币呢？”

“大家用现在的钱买过去的钱只是为了收藏。收藏呢，一方面可以用来欣赏，另一方面还可以用来投资。说起钱币收藏，这里面学问可就大了，等萌萌再长高点，爸爸再慢慢给你讲。走，咱们也买几枚古钱币回家慢慢看。”

“好呀，好呀。”萌萌欢蹦乱跳地奔着那些形状各异的古钱币去了。

家长可以带孩子去一些博物馆参观一下古钱币，了解货币的变迁，让孩子对钱币的历史、交换的含义有感性、直观的认识。

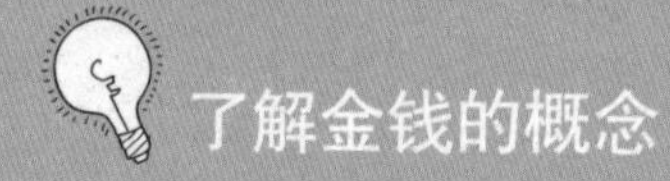

4 钱还在银行里吗？

一天，萌萌爸带着萌萌到小区门口的银行去存钱。萌萌眼看着爸爸把钱递进了柜台里。

几天后，萌萌爸和萌萌从幼儿园回家，又路过那家银行，萌萌抬头看了看银行。突然，萌萌拉了萌萌爸一下，“爸爸，那天存的钱还在银行里面吗？我们进去问一下？”

萌萌爸愣了一下，对萌萌说：“在里面的呀。”

萌萌：“您怎么知道？”

萌萌爸：“因为我们存钱的时候银行的阿姨在爸爸的存折上打印了存钱的金额和时间。”

“哦”萌萌将信将疑，又跟着萌萌爸回家了。

回到家里后，萌萌爸拿出存折给萌萌看。

萌萌爸说：“这就是我们存钱的存折，有了存折就可以证明钱在银行里，这上面有银行盖的章、银行的名字、收钱阿姨的名

现金业务
欢迎光临

字和前几天我们存钱的数目。改天我们要用钱的话就可以拿着存折去取钱。”

萌萌：“那银行跑了怎么办呢？”

萌萌爸：“咱们有时看新闻，国外有些银行会申请破产；但我国的银行破产，政府也会出面解决储户的存款问题；相对而

言，把钱存在银行，风险很小的，只是收益相对其他理财方式要小很多。”

萌萌爸：“萌萌，我们也用你的名字去办一个存折，好不好？”

萌萌：“好。”

萌萌爸：“在安徒生的祖国——丹麦，有一种叫做‘独立存折’的储蓄方法。在孩子不满周岁的时候，丹麦的父母就会以子女的名义为孩子开一个独立的储蓄账户，但是他们绝不会直接在孩子的账户上存很多钱，而是由孩子自己来存钱。丹麦还有个习俗，在孩子18岁生日那天，父母会在教堂为孩子举行盛大的成人仪式。在仪式上，父母会把代为保管的独立存折交给孩子，已成年的孩子会拿着这本存折离开父母，开始过自己的独立生活。因此，独立存折就是自主独立的象征。”

随后，萌萌爸找出户口薄，带着萌萌来到银行里。萌萌积极地去取到了一个号码签。

萌萌爸：“你怎么知道要取个排号签？”

萌萌：“上次存钱我看到你取了一张。”

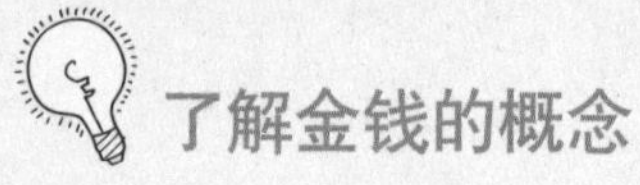

轮到萌萌了，萌萌爸带着萌萌到柜台办了一本存折。

萌萌爸：“萌萌，这就是你的第一本存折，写的是你的名字，爸爸给你存了100元在里面。”

萌萌很高兴，“我改天就可以来这里取钱了！”

萌萌爸：“开个存折不是为了来取钱，而是你今后把放在存钱罐的钱存进存折里。多余的零花钱、压岁钱都要存进去，免得不知不觉花掉了。爸爸想让萌萌学会储蓄，学习延后消费、延后满足。这样的话，咱们萌萌以后才能成为一个特别擅长打理财富的大人物呢。你说这样好不好？”

萌萌：“好。”

萌萌爸：“你要好好保管这一本存折，当你长大后，这本存折就是你童年记忆之一了。”

萌萌：“知道了。”

萌萌爸：“存折上的名字、账号、金额、地址等属于个人隐私，银行及其他任何单位和个人没有合法手续不能查询你的存款，银行也必须为我们保密。如果这个存折遗失了，我们可以到银行来挂失，一定要带上自己的身份证明文件。萌萌一定要记住：不能将刚才输入的密码告诉别人。”

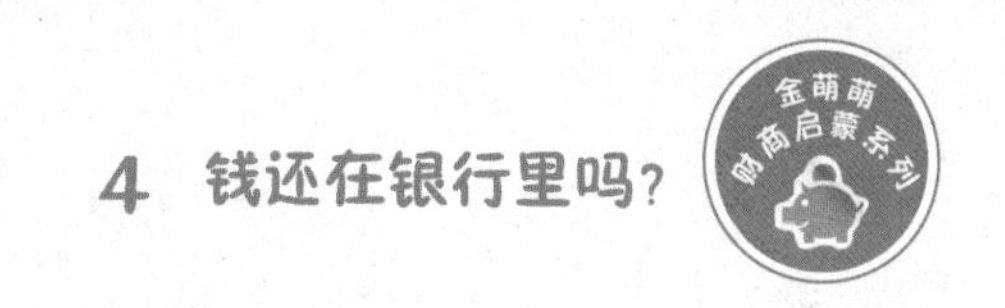

萌萌：“记住了。那为什么阿姨不给我们一张银行的卡呢？银行卡从那‘柜子’里领钱还方便些。”

萌萌爸：“银行卡和存折是一样的，都是要把钱先存入银行，你才有钱取出来。你现在还不够年龄，不能办理银行卡。”

萌萌听后，手里紧紧攥着存折蹦蹦跳跳地回家了。

通过陪孩子办理存折的小实验，和孩子分享对未来的憧憬与愿望；同时注重其礼仪的培养与训练，开始养成一些终生受益的好习惯。

5 “吐钱”的柜子不灵了？

周末到了，萌萌和爸爸、妈妈一起逛商场，她看中了一个遥控船，缠着妈妈买给她。

萌萌妈：“萌萌，今天不买玩具。刚才妈妈买了衣服，没有钱了。”

萌萌不依：“可以刷卡嘛，你银行卡里不是有钱吗？那个遥控船只要180元。”

萌萌爸发现：萌萌认为银行卡里的钱可以随便用，怎么用都用不完。

萌萌爸想了一下说：“萌萌，银行的提款机实际上并不印钞票，它就像一个大存钱罐一样，为了安全，你把挣来的钱存在里面。如果钱取完了，你就不能再让它出钞票了，就像你的存钱罐空了一样。”

萌萌爸：“提款机它虽然是一个会‘吐钱’的柜子，但不是任何人插进一张银行卡，柜子就把钱给你‘吐’出来。”

萌萌还是有点不相信。

萌萌爸看了看萌萌，就从萌萌妈那里拿来那张银行卡，对萌萌说：“走，我们到提款机那里去看看，你就明白了。”

萌萌爸和萌萌来到了商场的提款机边。

萌萌爸教萌萌把银行卡插进提款机里，机器提示输入密码，萌萌爸输入了密码，然后查询余额，结果显示余额为60元。

萌萌爸对萌萌说：“你看银行卡上面的钱不够180 元，买不了玩具。你看我们来输入取款200元，会是什么结果呢？”

操作完成后，提款机提示余额不足，结果卡被退了出来。

萌萌爸："你看，这卡不是一个聚宝盆，无论怎样使劲用，里面都是满的。是不是？"

萌萌："哦，钱不够了。"

萌萌爸："银行卡不是吐钱卡喔，银行卡有很多种，一种就和爸爸这张卡一样，里面要有钱才能用，如果没钱了，银行卡就不能取出钱了，这种就是借记卡，它是没有透支功能的；另外一种是信用卡，虽然里面没有钱，但也可以用，也就是可以透支。不过信用卡是有透支额度差异的，比如，爸爸的信用卡额度是每月3000元，所以爸爸每月最高就只能透支3000元。而且用过钱之后要在规定的时间内，拿钱去银行补上，不然的话，银行就会找爸爸、妈妈催交，还要罚款，明白了吗？"

萌萌："哦，那快点去存钱。"

萌萌爸："对的，今天我们就不买玩具了，等挣够了钱再来买。"

萌萌："好吧。"

在回家的路上，萌萌爸继续给萌萌讲："银行卡是为了人们用起来方便，让大家不用随时把钱揣在身上，免得被偷或弄丢。"

萌萌：“那银行卡被偷了怎么办？”

萌萌爸：“银行卡被偷了，小偷不知道密码，就用不了，钱还在里面。刚才你不是看见我输入了密码吗？”

萌萌：“看见了，机器还说，‘请注意遮挡密码’。”

萌萌爸：“萌萌观察得非常仔细哟，咱们的银行卡密码要设置得复杂点，不能太简单，不然小偷破译了，就会把钱取走的。银行卡如果弄丢了，我们需要打电话给银行先挂失，然后带上身份证到银行去补一张。现金如果掉了，小偷就可以直接用来买遥控船咯，知道吗？”

萌萌：“知道了。”

现在的独生子女往往容易以自我为中心，要求家长满足自己的一切要求。父母要让孩子明白家长赚钱不容易，懂得关心和体谅他人。

6 上班才有钱吗？

萌萌早上醒来，急急忙忙找妈妈：“妈妈，我今天不想上幼儿园，行不行？”

萌萌妈：“不行，待会儿我和爸爸都要去上班，家里没人照顾你，你一个人在家怎么行呢？”

萌萌：“那我也要去上班！”

萌萌妈：“你去幼儿园上学好吗？”

萌萌：“不！我要和你去单位上班！”

萌萌妈想了想：“那好，妈妈带你去单位上班！”

萌萌高兴极了，连忙找来玩具和妈妈一起出门了。萌萌在公车站遇见了小朋友还很得意地告诉人家，“今天我要去上班咯，不去幼儿园了。”

萌萌跟着妈妈来到妈妈的单位，对这里充满了好奇，这里看看，那里摸摸。大人们都在办公室之间进进出出，互相说着话，谈着事情。

妈妈的同事有的还给萌萌零食吃，有的还夸奖萌萌几句，萌萌很高兴。

吃过午饭后，萌萌玩了一会儿玩具，觉得无聊了，就对妈妈说：“妈妈，我们回家吧？”

萌萌妈：“不行，还没到下班时间呢！”

萌萌：“我不想上班了，不好玩。”

萌萌妈：“上班就要遵守纪律，要准时来上班，也得按时才能下班，单位里的每个人都要遵守这个规定。”

萌萌没有办法，自己又玩了一会儿，躺在沙发上睡着了。

下班时间到了，萌萌跟着妈妈回到了家。

萌萌爸问萌萌："上班好玩吗？"

萌萌："上班不好玩，没有人陪我玩。"

萌萌爸："上班就是大人的工作，爸爸、妈妈去上班挣钱就是为了让我们一家人生活得更好。我们家买车和出去旅游花的钱，都是爸爸、妈妈上班的工资，上班不是去玩。"

萌萌："那今天没有人给妈妈发钱呢？"

萌萌爸："我们上班要满了一个月，单位才能给爸爸、妈妈发工资，每个月发一次，叫做月薪，不是每天都发钱。知道吗？"

萌萌："知道了。"

萌萌爸："妈妈上班很忙、很辛苦，是不是？"

萌萌："妈妈很忙，都没陪我玩，妈妈都和阿姨、叔叔说事情、开会去了。"

萌萌爸："爸爸、妈妈去上班，就要和同事们一起谈工作、做事情，坐在办公桌前写东西。有时还要到其他单位办事情，很辛苦的。"

萌萌突然很小大人地叹了一口气，说："哎，都是为了挣钱，不容易啊。”

萌萌爸：“爸爸、妈妈去工作不只是挣钱，还需要和同事交流，还要交朋友，还要学习处理事情的能力。我们需要同事和朋友，就像你需要幼儿园伙伴一样。那你明天是上幼儿园还是上班呢？”

萌萌：“我去上幼儿园，不想上班了。”

萌萌爸：“萌萌真乖，我们下班回来和休假的时候就陪萌萌玩，还可以带萌萌去看大海。”

萌萌：“好。”

让孩子懂得劳动与付出，觉得一分耕耘一份收获是很有价值的。让孩子主动和小区的保洁阿姨、门卫师傅打招呼，学会尊重别人。

7 我们家很穷吗？

春天来了，萌萌一家人在小花园晒太阳。

萌萌突然问道：“妈妈，我们家很穷吗？”

萌萌妈和萌萌爸都很吃惊，萌萌爸回答道：“你为什么这样说呢？”

萌萌：“我们班的春春，他家有宝马车，小夕家是奥迪车，我们家的车都没有他们的车好。”

萌萌妈：“是的，我们家的车没有人家的车贵，但是车只是我们上下班的交通工具，还有就是节假日带你出去玩时方便一些。”

萌萌爸：“我们家不穷，也不算富有，我们家的收入算中等。爸爸和妈妈努力工作，萌萌好好上学，一家人快乐又健康。这就是最棒的事了。咱们没有必要和人家比谁更有钱。”

萌萌爸：“萌萌，爸爸给你讲一个雷梦拉和她的爸爸的故事，好不好呀？”

萌萌：“好。”

“雷梦拉7岁，家里有爸爸、妈妈和一个叫碧翠西的姐姐。每个月爸爸发薪水的日子是全家最高兴的一天，因为这一天爸爸会买礼物送给雷梦拉和她的姐姐，有时工资较多，还会带上全家到‘汉堡大王’餐厅吃大餐。

有一天，爸爸又该领工资了，雷梦拉满心欢喜地在家里等待着爸

爸回来，这一天是她一年中除了生日、圣诞节之外最快乐的日子。爸爸回来了，给了她一包糖，叫她和姐姐碧翠西去里屋分糖，然后跟妈妈谈起话来。吃完糖的雷梦拉和碧翠西来到客厅，才知道爸爸失业了。失业就意味着没有钱了，他们一家人就会变得很穷了。”

萌萌：“那雷梦拉怎么办呀？她不就没有糖和汉堡吃了吗？”

“还不止呢，从此以后，雷梦拉的家里发生了很大的变化：妈妈为了维持家里的开销，在医院里找了个全天候的工作，每天早出晚归，薪水还是不够开销；爸爸每天忙着找工作，但总是失败，于是脾气开始越变越差；姐姐最近也越来越奇怪了，动不动就不高兴，也不爱说话，回到家就把自己锁进房间。雷梦拉的家里再也没有快乐。这个时候，你猜她会怎么做呢？”

萌萌：“可是她只有七岁，能怎么办呀？”

“是啊，雷梦拉担心地观察着家里的每个人。家里的经济越来越拮据，气氛也越来越糟。她想，家里缺的是钱，于是雷梦拉想着如何去赚钱。只要自己有一百万，就能解决目前的问题。她听说电视童星拍一次广告，就能赚到这么多钱，于是学着童星的模样，她偷偷练起了‘演技’，还把带刺的花朵插在头发上做成皇冠，希望能被星探发现。但事与愿违，反而让老师觉得雷梦拉讲话越来越没礼貌，爸爸、妈妈也责怪

她动作粗鲁，姐姐觉得她幼稚无趣。每件事似乎都变得很糟。

失业后的爸爸开始抽烟，并且抽得很凶。姐姐生气地责怪爸爸把给猫买猫粮的钱都买了香烟，还说抽烟会让肺变黑，还会得肺癌。雷梦拉吓坏了，她有点担心爸爸，爸爸偶尔咳嗽一声，雷梦拉都怀疑爸爸是不是生病了。于是，她下定决心，用写纸条、贴标语、偷换香烟好多方法帮助爸爸戒烟。

慢慢地，爸爸的烟越抽越少了，他陪雷梦拉画画，一起玩，为雷梦拉做饭，等她放学回家还为姐妹俩做南瓜灯。雷梦拉觉得爸爸很爱她，感到自己很幸福。

圣诞节来临，上课时校长对学生说：‘离圣诞节已经不远了，得准备圣诞节的演出了。’

雷梦拉想：这次我肯定又得穿着白袍唱赞美诗了。可是，校长指定了一批唱赞美诗的演员，其中没有雷梦拉。后来校长又指定了一批演员，雷梦拉被安排当一只羊，可是她没有羊的服装。

她回家告诉妈妈需要一套羊的服装，妈妈缝了好长时间，终于把衣服缝好了。可是，雷梦拉却这衣服不好看，拒绝穿它。后来姐姐试了试，觉得很漂亮，建议她也试一试。雷梦拉穿上后一照镜子，觉得比想象中的漂亮。但是，雷梦拉的心情却沮丧到极点。

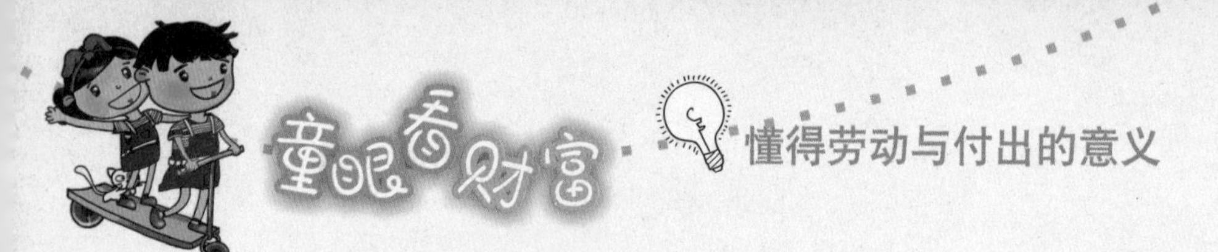

演出当晚，化完妆后，她发觉自己竟然化身成了一只漂亮的小羊，她的心情变得好极了。站在台上，看着观众席里为自己鼓掌的爸爸妈妈，她感到无比幸福和骄傲。正如小说结尾所说的：‘雷梦拉的心中充满喜悦。……她的爸爸、妈妈爱她，而她也爱他们，还有碧翠西。家里的圣诞树下摆放好了礼物，虽然今年的礼物没有往年多，可是还是一样好。’

雷梦拉在爸爸失业时许下的愿望终于实现了，大家依然快乐地生活在一起，和以前比起来，他们并没有失去多少。就在这时，爸爸也找到了一份超市收银员的工作，一家人对未来充满了希望。故事讲完了。”萌萌爸说。

萌萌：“雷梦拉的爸爸终于又找到工作了，他们家又可以过好日子了。”

萌萌爸：“故事中的雷梦拉虽然只有七岁，但聪颖而孝顺，懂得为爸爸和妈妈分忧。雷梦拉是天真而快乐的，而且非常地乐观，她相信困难不会压倒他们一家人。雷梦拉就像黑夜里的一盏灯光，虽然微弱，但时刻温暖着爸爸妈妈的心窝。”

萌萌妈：“雷梦拉是善良和懂事的孩子。家里的变化没有让她消沉抱怨，而且让她像个小大人一样担起了‘找回家里的幸福’的责任。妈妈希望萌萌能学到雷梦拉的这种乐观和积极。”

萌萌：“嗯，不管我们家有没有钱，我们一家人在一起就很快乐。”

萌萌妈：“萌萌真聪明。”

和孩子开诚布公地沟通家庭的经济状况是大有裨益的：

1. 可以培养孩子的责任感

孩子是家庭的一份子，不论是普通百姓或经营企业的人，孩子未来都会自己组建新的家庭，从小开始树立责任感很有必要。

2. 可以让孩子学会关心家人，有爱心。

当家庭遇到困难时，孩子会用童真的话语或方法去宽慰父母；长大以后，他也更容易去帮助他人。

8 摇钱树真的能长出钱吗?

一天早上，爸爸看报纸上面说苏州博物馆里展示一株摇钱树。星期天，萌萌和爸爸特地坐火车到苏州，看这一株摇钱树。

“爸爸。为什么这么多人要来看摇钱树呢？摇钱树真的能长出钱吗？”萌萌看到排队的长龙，好奇地问。

萌萌爸：“摇钱树能不能长出钱，答案就在一个故事里，爸爸给你说啊，很久很久以前，山下住了一位老人和他的两个儿子，哥哥每天都去工作，努力地种着各种果树。可是，弟弟都待在家里，整天都在睡觉。

有一天，老人去世了，留下哥哥和弟弟兄弟俩。

弟弟跑来对哥哥说：‘哥哥，爸爸留给我们的山坡和田地，我要田地。那山上的山坡大，就给哥哥吧。’

‘嗯，好呀！’哥哥点头同意弟弟的分法。

第二天，哥哥从家里扛了一把锄头、一把斧头，上山劳作

去了。

哥哥每天早起上山工作，天黑了才回家。他在山坡上种田施肥，辛勤劳作每次都收获很多的水果和疏菜，然后就拿到市

集去买。而弟弟呢，还是一直在家里睡懒觉，并没有出门劳作。所以弟弟的田地里长了很多杂草。

杂草又不能当饭吃，所以弟弟就去找哥哥说：‘哥，我饿了。我的田只长杂草，不长水果和蔬菜。’

哥哥就给了弟弟不少的蔬菜和水果。

弟吃着水果想：‘奇怪，为什么哥哥的山坡长出这么多的蔬菜和水果，而我的却没有？’

第二天一早，弟弟跑去找哥哥：“哥哥，为什么你的山坡老是长好的作物。是不是爹给你留下什么宝贝啊？’

‘嗯，宝贝？’哥哥想了想，说：‘是啊，是有宝贝，爹给我留下一棵摇钱树呐！’

弟弟：‘什么？摇钱树？这摇钱树是什么样啊？’

哥哥：‘摇钱树嘛，两个叉，每个叉上五个芽，摇一摇，就开金花儿，要吃、要穿都靠它。’

弟弟听了就想，如果可以把摇钱树偷来，种到自己的田地去，那以后可就发财了，再也不用愁吃穿了。

过了几天，弟弟趁哥哥去市集的时候上山坡去找摇钱树。

‘嘿，这棵树上有两个叉，每个叉上正好有着五个小树芽。我找到啦！’弟弟高兴地跳起来。他立刻把树刨出来，小心翼翼地带回家。

弟弟把小树扛在肩上，急急忙忙往家走，一边走，一边笑，‘哈哈哈哈。我得了一棵摇钱树，这下可以过好日子了。’

一到家，弟弟就把小树种在院子里。然后，就抱着小树摇了起来，他摇啊、摇啊，可是这“摇钱树”好像“不听话”，只掉几片树叶，什么金子、银子的都没掉下来。

隔天，弟弟又饿了，只好又硬着头皮跑去找哥哥，他对哥哥说：‘哥哥啊，你家的摇钱树，真能摇下钱来吗？’

‘能啊。’

弟弟红着脸说：‘我摇了你家的摇钱树，可是只摇下叶子呢。’

哥哥一听，觉得挺奇怪的：‘你什么时候摇过我的摇钱树啦？’

‘嗯、嗯，是这么回事……’弟弟脸红了，支支吾吾把偷哥哥家小树的事说了。

哥哥一听忍不住笑了：‘哈哈哈，你这个傻瓜，我的摇钱树，谁也偷不走啊！’

‘啥，让我看看好吗？’弟弟好奇着问。

哥把两只手一伸，‘你看吧。’

‘在，在哪儿？’弟弟不解。

哥哥：‘我的摇钱树就是我的两只手，这手长得像两个树叉，树叉上五个芽就是我手上的五个手指头啊。’

弟弟越听越糊涂：‘手？手怎么成了摇钱树啦？’

‘地是两手开，树是两手栽，房是两手盖，衣服是两手裁。日子要过好，全靠两只手。’哥哥说。”

萌萌听着听着叫了起来：“所以我们的手就是摇钱树啊。”

“是啊。等会儿就带你去买株摇钱树。”萌萌爸说。

“不了，爸爸。你给我买个手套吧。我可要好好地保护我的摇钱树呢。”萌萌摇头说。

“萌萌学得真快。”爸爸开心地说。

“到我们了，爸爸。我们快进博物馆看摇钱树吧。”萌萌赶紧拉着爸爸跟上队伍。

那天，萌萌和爸爸逛苏州博物馆，看了很多古物，度过了开心的一天，然后搭乘火车回家了。

1. 平时多让孩子参与一些力所能及的家务，培养其独立自主的品格，还可以在家举办“趣味家务运动会”，将劳动的技能、习惯内化为热爱劳动、尊重劳动得品质和观念。

2. 周末家长可带孩子去郊外的果园或菜园，让其体会“亲身采摘”的乐趣。让孩子拥抱大自然，珍惜劳动成果，这和陶行知先生“生活教育”的理念不谋而合。

9 别人有的为什么不给我买？

星期天早晨，萌萌妈把一件新买的上衣递给萌萌，让她穿。

萌萌脱口而出："妈妈，这是名牌吗？"

这一问萌萌爸吃了一惊，但还是很随意地问："你穿过名牌吗？"

萌萌："当然穿过啦，这裤子就是名牌，是熊熊的。"

萌萌爸故意不去看裤子，继续说："其实呀，穿名牌、用名牌都没意义，要当'名牌人'才有意义。"

萌萌不解地问："什么叫'名牌'人呀？"

萌萌爸："记得我们去看过的羽毛球大赛吗？你最喜欢的林丹就是明星，他本身就是一个名牌。为什么呢？因为大家爱看他自创的变速突击打法，还有他如何过关斩将赢得世界第一。你觉得大家去赛场是看林丹穿李宁公司的运动服装，还是看林丹在球场上赢球呢？"

萌萌说："当然是看林丹比赛的。我最喜欢他了。"

"对极了。所以，林丹就是一个明星、名牌，不会因为他穿什么名牌就变成另一个样子。你也要这样想，把自己变成和林丹一样能干，被人崇拜，而不是非名牌不穿。"

"嗯。那我们班也有'名牌'。"萌萌突然回答。

萌萌妈问："谁呀？"

萌萌说了一个天天换花裙子的小姑娘，还说老师都夸她漂亮。

萌萌妈："是说她的裙子漂亮吧？你们小朋友最喜欢的是她吗？"

萌萌："不是啊，大家比较喜欢的是胡顺。"

萌萌妈："为什么呢？"

萌萌："胡顺最棒了。他上课会回答问题，成绩最好，开运动会赛跑，他跑第一……"

萌萌妈："你说，你愿意学那个天天换花裙子的小姑娘，还是愿意学胡顺呢？"

萌萌："当然愿意学胡顺呀！"

萌萌爸："对极了。其实穿得漂亮没有用，爱学习跟爱运动才有用。来，爸爸给你说说默多克小时候的事。"

萌萌："默多克是谁？"

萌萌爸："默多克是传媒大亨，是一位很有成就的报业大王。

一天，默多克和父亲一起到城里，父亲看见了一个玩具小陀螺问默多克：'这个小陀螺很不错，是从日本进口的，你想要吗？'

'我不要，它看起来没什么好玩的，我一点儿也不喜欢。'

默多克表示毫无兴趣，直接拒绝了父亲。

刚回家不久，默多克和同伴们去家门口的巷子玩耍，发现他们都在玩这种从日本进口的玩具。他们用绳子抽打直径3厘米左右的铁陀螺让它旋转。

‘嗨！默多克，你有陀螺吗？你能让它旋转多久？’默多克听了沮丧极了，一个人跑回了家。

父亲和母亲正在忙碌着，看见默多克垂头丧气地走了进来。

‘怎么了，孩子？’父亲问。

‘爸爸，我又突然想到那个陀螺了。’默多克小心地说。

父亲笑着说：‘那我们就去把它买回来，怎么样？’默多克很高兴，刚要谢谢父亲，却听母亲说：‘可我听说你一点儿都不喜欢它，为什么又突然喜欢了呢？’

默多克嗫嚅着小声说：‘我是不喜欢。可是现在大家都有了，我如果没有的话，他们会嘲笑我的。’

母亲明白了，原来是攀比的心理让默多克想买那个他本来不喜欢的陀螺。如果马上拒绝的话，默多克肯定会非常难过；如果同意给他买的话，虽然那个玩具并不值钱，可是这样就会助长默多克错误的消费习惯和虚荣心。看来有必要跟默多克认真沟通一

番了。

母亲走过去对默多克说：‘孩子，你喜欢那个陀螺吗？’

默多克摇了摇头：‘不喜欢。’

‘那你需要它吗？’母亲又问。

默多克又摇了摇头。

‘那如果要买，我们为什么不买你喜欢的或是你需要的东西呢？这样更有意义，不是吗？’

默多克仔细地想了想后，点点头：‘我不要那个陀螺了。因为我既不喜欢，也不需要。’

从此以后，默多克在买东西时总是先想想自己是不是真的喜欢或真的需要，这种良好的消费习惯一直伴随他长大。

你看，默多克小时候就很有自己的主见，克服了攀比的心理。别的孩子都有，不能成为我们也要有的理由，不管别人有没有，你自己要喜欢，对你自己有用才是最重要的。你看你们的同学朱朱，他就有很多游戏机，可是他现在就因为打游戏机成了近视眼，戴上了眼镜，不能打羽毛球，也就不能成为像林丹那样的羽毛球明星了。对不对？”

萌萌：“幸好我打游戏打得少，不然我也是‘小眼镜’了。”

萌萌爸：“不管是名牌衣服还是玩具，别人有了，你不要去比较，要做自己喜欢的事情，要有自己独特的个性。你现在好好打羽毛球、练好书法，慢慢积累实力，人家知道你打得好，你就是你们班上的明星了。”

萌萌：“我懂了，我会好好积累实力，做明星，当‘名牌’。”

让孩子在购物中思考，哪些是想要的，哪些是需要的，让其学会独立思考和分析问题，而不是随波逐流。

10 面子一斤多少钱？

春天来了，萌萌一家都在小区的大草坪晒太阳。爸爸还给萌萌买了个风车，萌萌把风车拿在手上，微风吹着风车转啊转个不停。萌萌突然停下风车，问“爸爸，我们也去买个宝马吧！”

萌萌爸爸和妈妈听了楞了一下。萌萌爸问：“你怎么突然想要买宝马呀？”

萌萌：“我们班的王大民他家宝马车，很宽敞，又漂亮，看上去可威风了。不像我们家这么小的，什么马都不是。”

萌萌爸听了很担心：“车子只是方便我们出门的工具，是不是什么马不重要，我们又不是古代人。我们没有必要和王小民家一样的啦。”

萌萌回答：“可是王大民说他们家的房子好大、好大，还有保姆和司机，他说自己是有钱人家的宝贝少爷，可得意了。”

萌萌爸：“萌萌，我们家车子小，够坐就好。我们家里人少，开大车子很不方便。我们放假开车出去玩，也找不到停车位。”

萌萌妈：“爸爸和妈妈上班赚的钱够我们一家生活了。过得开心、快乐才是最重要的。有大屋子不一定开心啊，打扫起来可累了，我可不要。萌萌要不要每天打扫那么多房间呀？”

萌萌听了，咯咯地笑："我也不要。"

萌萌爸："那像我们家虽然小但是很舒服，大家可以待在一起看电视，聊聊天。"

萌萌爸："一家人开开心心的，多好啊。爸爸妈妈能让你好好接受教育，我们不用和人家比有没有钱。最重要的是，我们一家人在一起不用担心刮风下雨。这叫知足常乐。"

天黑了，萌萌爸爸和妈妈拉起萌萌的手，沿着小区散步。

萌萌爸："有些人出门一定要背名牌包，开车一定要开名车。而这些背好包、开好车的人，想的若只是要和人做比较，那就是攀比、炫富，这是一种很危险的心理。"

萌萌听得迷迷糊糊的："攀比？炫富？"

萌萌爸解释说："攀比是指买东西时，一味想和别人比较，想证明你也买得起这个东西，或是你买的东西比人家好。"

萌萌爸举例说："比如一个古驰的包包要价上万元，但还是很多人买，就是因为古驰公司懂得利用人们喜欢攀比的心理，让大家觉得背古驰包包很有面子，很高端。所以古驰卖的不只是包包而已，也卖'面子'给人家。"

萌萌听着很有兴趣："卖'面子'啊，面子一斤多少钱？"

萌萌爸说："古驰包包一个就要价一万多元。所以这个'面子'就是一万多元。"

萌萌妈问："你看到对面走来的阿姨了吗？"

萌萌："看到了。"

萌萌妈："你觉得她那里和别人不一样吗？"

萌萌："看不出来，她长得也不漂亮呢。"

萌萌妈："她背的就是古驰包。可是你看不出来，也不觉得她漂亮。因为她外表并不出色，她背的包也没有衬托她的气质。所以买衣服也是这样，是自己要把衣服的特色穿出来。"

萌萌爸帮萌萌妈妈说：“你想一想攀比和炫富其实就是把钱贴在自己身上。这样好不好看呢？”

萌萌：“我才不要把钱贴在身上，好丑。有钱就该存起来‘生’利息。”

萌萌妈：“萌萌真个小财迷。钱是拿来创造价值和让生活更幸福的。就像我们有房子住，有衣服穿，有食物吃，多余的钱，我们就存起来，为未来做计划。”

萌萌爸：“我们这回放假要去上海玩，就是因为我们平时有把钱好好存起来。有时间，我们就可以安排旅游。看看新奇的科技和玩意儿。我们生活有意思、过得快乐，就是富裕的人，懂吗？”

“我懂了，爸、妈。谢谢你们。”萌萌用力地抱住了爸爸、妈妈。

关于孩子的“面子观”

1. 要引导孩子正确的“面子观”。学习成绩棒、主动帮爸爸、妈妈做家务，这些都非常值得表扬，也是值得和小伙伴分享的有面子的事。

2. 如果发现小孩在物质上开始有攀比的苗头，家长要应该多从孩子的品格、性格、特长方面去欣赏和鼓励，潜移默化地让孩子养成积极、健康的自尊自强的品性。

11 一元钱能有什么用？

有一天萌萌在小区里和一群小伙伴玩得很高兴。萌萌玩累了，找萌萌爸爸要了五元钱去店里买了一个冰淇淋，边吃边走回来了。

萌萌爸问："萌萌，冰淇淋多少钱一个？找的钱呢？"

萌萌："四元钱，我刚才忘了找钱了。"

萌萌爸："可能是你忘了拿了，回去找阿姨取回来。"

萌萌："算了嘛，反正只有一元钱，又没什么用。"

萌萌爸："哈哈，你可别小看一元钱喔，它有时候用处可大着呢？"

萌萌："不会吧，一元钱连个冰棍儿都买不到，也买不到薯条。"

萌萌爸："那爸爸就给你讲个'一文钱难倒英雄汉'的故事吧。

先说过去的一文钱就相当于现在的一元钱。这是发生在宋朝开国皇帝赵匡胤身上的故事。

赵匡胤年轻时，刻苦练习武术，特别擅长长拳。由于他有功夫就参军了。赵匡胤作战很勇敢，被大家称为大英雄。但是他穷困潦倒，身上经常没有钱。

一次赵匡胤一个人在外，天热难耐，他又热又渴，但是他两手空空，没有一文钱。

突然间他看到一大片西瓜地，西瓜地边有一个老翁在守西瓜。

赵匡胤就寻思吃白食，先吃了，再问价钱,然后说价钱太贵，坑人不付钱。因此要了很多西瓜来吃。

赵匡胤吃饱了喝足了，问：‘大爷，多少钱？’

老翁伸出了一个指头：‘一文钱。’

但是就这一文钱赵匡胤也没有，预先准备的借口根本没法用，就

这样难倒了赵匡胤。他就装模作样地掏钱，然后羞愧地说：‘我来时匆忙，忘记带钱了，下次连本带利还给你。现在，你想让我做什么，我就给你做什么。’

老翁说：‘没带钱我就不要了。我一贯喜欢看驴打滚，你就给我打几个滚吧。’

这时，这位堂堂大英雄，居然真的准备躺下打滚。老翁一看，慌连忙阻止说：‘我和你开个玩笑，你就当真了，快起来吧。’赵匡胤这时羞愧得真是无地自容，恨不得钻到地缝里去。

赵匡胤非常惭愧，承诺今后一定好好报答老翁。

后来赵匡胤当了皇帝，送给了这个老翁万亩良田作为回报。

这就是‘一文钱难倒英雄汉’这句俗语的由来。

萌萌发现没，赵匡胤是个非常懂得感恩的人。这就是咱们中国的俗语‘滴水之恩当涌泉相报’。”

萌萌：“嗯，要感谢帮助过我们的人。”

萌萌爸：“那故事里的一元钱重要吗？”

萌萌：“太重要了。”

萌萌爸：“再多的钱也是一点一点积累起来的。可不要小看这一元钱哟。你说你拿三元钱去买四元钱的‘可爱多’雪糕，就差这一元钱，阿姨会卖给你吗？”

萌萌："嗯，我知道了，咱们一起去把那一元钱找回来吧。"

萌萌爸："这就对了！"

有个故事说，有人掉了一分钱在地上，两个年轻人走了过去：一个是英国人，一个是犹太人。

英国青年看也不看就走过去了，犹太青年却小心地将其拾起。

两个人同时走进一家公司去找工作；公司很小，工作很累，工资也低。英国青年不屑一顾地走了，而犹太青年却高兴地留了下来。

两年后，两人在街上相遇，犹太青年已成了老板，而英国青年还没找到工作。

这个故事里，我们学习到：犹太青年珍惜每一样东西的品质；犹太青年总是看到事物积极、正面、有价值的一面，并将原本的劣势通过自己的努力转变为优势的能力。

12 守财奴可以守住钱吗？

二年级结束的那个暑假，萌萌在家看《外国最经典的故事》一书。

有一天，萌萌看完了《葛朗台的故事》后就问："爸爸，守财奴是什么意思？"

萌萌爸："你先把葛朗台看懂，看看他是个什么人就知道守财奴是什么意思了。"

萌萌："葛朗台是个自私的人。"

萌萌爸："对的，葛朗台他自私、冷漠，对社会、对他家人不负责任。他的眼中只有金钱，是不是？"

萌萌："是的。"

萌萌爸："他对他自己都很严格，自己也舍不得用一分钱，对不对？"

萌萌："对的，他吃烂果子。"

萌萌爸："他就是一个守财奴，把自己当成金钱的奴隶，他

这样是不对的。人太吝啬就不受人欢迎，人们都不会喜欢他，甚至是厌烦他。你做不做守财奴呢？”

萌萌：“不做。”

萌萌爸：“对的，文学上有四大守财奴，分别是《威尼斯商人》里的夏洛克、《欧也尼·葛朗台》里的葛朗台、《死灵魂》里的泼希留金、《儒林外史》里的严贡生。今天我就给你讲讲中国的守财奴。

中国的守财奴就是严贡生，他当时考中了贡生，就好比琳琳姐姐考上了大学要请大家吃饭。在当时，考上贡生是一件了不起

的事情，按照习俗也是要大宴宾客的。可是这个严贡生是守财奴啊，舍不得花钱啊，但这个酒席是一定得办的，他又想不花钱，怎么办呢？他想了又想，终于想了一招：他拉来地方上承应官差的人全部来出贺礼，弄了一些钱，办了这么几十桌，算是风光热闹了一场。酒席结束后，这个守财奴啊，怎么也不肯付钱给厨子、屠户、帮佣工钱，结果那些人过两个月就到他家门口吵闹一回，让他失尽了贡生乡绅的体面。

萌萌觉得严贡生是个什么样的人啊？”

萌萌：“严贡生是个一个很讨厌的人，太抠门了,还很自私，总想占别人的便宜。”

萌萌爸：“对，这样别人就不愿意和他做朋友，打交道了呀。他这样拼命地捂住钱财，钱财表面上看是没有减少，但也不会增加。因为再没有人愿意和这样的人合作。”

萌萌：“恩，那我们不应该做个守财奴。”

萌萌爸：“是啊，钱要花出去，才有价值。比如，我们就可以用钱来提高自身生活品质。

你看我们经常带你去旅游，让你学习打羽毛球、书法，这些让你过得无比充实，还因此认识了很多朋友。尽管这些业余

活动需要额外支出一笔费用，但它换来的是我们萌萌开阔的视野和广阔的见识。

记得上次雅安地震，爸爸也会给你一些钱参加学校的捐款。当萌萌你想到这些钱可以帮助到雅安灾区的小朋友，是不是觉得很快乐呀？这就是给予的力量。”

萌萌：“嗯，同桌乐乐上次笔丢了，我就把自己的笔送给他了，然后我们一起很开心地做完家庭作业，还得了A。”

巴金说：“生命的意义在于付出，在于给予，而不在于接受，也不在于争取。”让孩子明白，帮助别人的同时也快乐了自己；为其提供关心帮助他人的机会。

13 可以随意借钱买东西吗？

萌萌经常存了二三个星期的零花钱，有了10元左右，就开始坐不住了。她手里拽着钱，经常就到小卖部门口，学校校门外的杂货店去东看西看，总想买个东西，萌萌爸为此非常头疼。

有一天，萌萌就对萌萌爸爸说：“爸爸，再给我10元钱嘛，我想买一个拼装玩具。”

萌萌爸：“你想买你想要的东西，就要自己存够钱，等凑够了钱再买。”

萌萌悻悻地走开了。

过了一天，萌萌又缠着爸爸要钱。萌萌爸想了想：“可以，给你借10元钱，你先写一张借条，但是要从下周的零花钱中扣出来，行不行？”

萌萌想都没想，高兴地答应了。

萌萌在爸爸的指导下写好了一张借条，高兴地拿着钱去买拼装玩具了。过了两天，又到了给萌萌零花钱的日子。给钱的时候，萌萌爸拿出15元钱，然后拿出借条，对萌萌说：“前几天，你借了10元钱，

今天要扣出来，所以只给你5元钱。”然后将借条和5元钱给萌萌。

萌萌：“不行，给我15元，我买水和零食不够。”

萌萌爸：“人要讲信用，你自己写的借条要算数，你承诺的就必须还。这周零花钱少了，就节约着用。”

萌萌没办法，气鼓鼓地把5元钱装进书包里。

过了一会儿，萌萌爸把萌萌叫过来给他讲：“萌萌，用钱要有两个原则，你要记住：一是量入为出，另一个是‘九一法则’。”

萌萌：“什么叫量入为出？‘九一法则’是什么？我只听过九九乘法表。”

萌萌爸：“哈哈，萌萌乖，爸爸来告诉你。这个量入为出的意思呀，就是说你有多少钱，就只能买多少东西，钱不够，就等钱凑够了再说。 这个‘量入为出’可不是爸爸发明的喔，这大有来头呢。爸爸给你说，在很早很早的时候，也就是有曹操、诸葛亮他们的那个三国时候。曹操的魏国有个叫卫凯的文官，非常有才华。那简直就是政坛的林书豪啊。他文章写得特别好，曹操也给他安排了

个特别不错的职位。

曹操在世的时候，卫凯立过不少汗马功劳。后来曹操去世了，他的儿子——曹睿继承了皇位，当了魏国的皇帝。

当时国家刚刚才和平不久，这个曹睿就开始在京都洛阳大建宫殿，还到处选美女。修宫殿、选美女，这哪一样不需要大把大把的银子啊？于是，大臣们都劝他，不要这样铺张浪费。

卫凯这时还专门上书曹睿，规劝他应该根据国库收入来决定支出的限度。总不能国库一共才收入了三十万两白银，你修宫殿、选美女的钱就花了四十万两。这样过度消费是会出大问题的。可曹睿怎么也听不进去，结果国力衰退，后来被司马家族灭了，这个曹睿也在35岁时就死了。

国家是这样，老百姓自己过日子一样。人生的每个阶段，不论钱多钱少，都要量入为出，有钱时也要理性消费。记住了吗？”

萌萌：“记住了，以后没钱买东西的时候就慢慢存，不能去借钱买东西，不然我自己的小国库就要亏空了。”

萌萌爸：“嘿嘿，萌萌说得对，不过呀也不是不可以借钱，有时候借钱，能适当帮助自己挣更多的钱，但现在你还小，不能随便借钱。

你也要注意，不要有了几元钱，就想买东西，要学会储蓄。储蓄是理财的第一步。记得让自己的口袋里始终留下一块钱。”

萌萌疑惑地看着爸爸：“为什么要留下一块钱啊？一块钱连雪糕也买不到啊？”

萌萌爸：“哈哈，这就是爸爸要和你说的‘九一法则’呀。

‘九一法则’就是当你收入十块钱的时候，你最多只能花掉九块钱，将那一块钱‘攒’在钱包里。无论何时何地，永不破例。

千万别小看这小小的一个规则噢，它的作用远远大于一块钱。如果我们能一直坚持把10%的钱存下来，那么随着钱的不断积累，钱会越来越多，对自己积极理财的态度就会越来越有信心，会更加刺激自己去实现远大的理财目标。”

萌萌：“喔，原来不是留一块钱，是留下十分之一，这样一点一点地积累起来。”

萌萌爸：“嗯，你说得非常对。只有手上积累了一笔财产的人，财富的增长才会加速，财富就会像滚雪球一样，越滚越大。那些永远都攒不出第一桶金的人，只会每天为钱发愁，因为他永远也不知道自己的财富从哪里开始。”

萌萌：“恩，从现在开始，我再也不会把零花钱花得精光了，我也要开始每次留一块钱。”

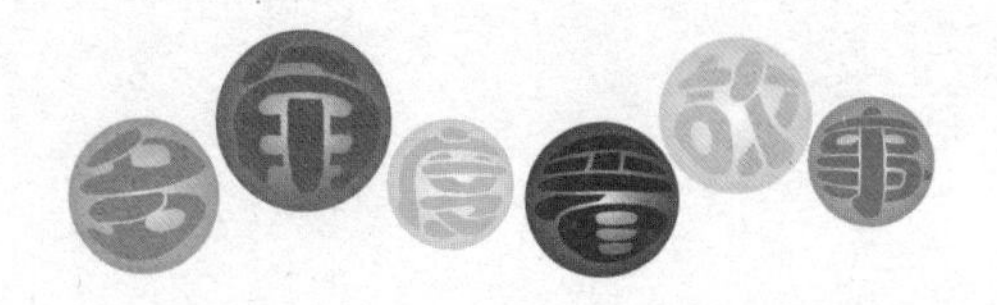

孩子的财商教育其实就是一个价值认证系统。一个朋友的儿子最近发生了这样一件事：儿子想在学校参加篮球训练班，父亲担心会影响学习，不同意。于是儿子去向同学借了300元交了报名费。我们沟通后，他回家没有和儿子发火，先和儿子沟通了他认为参加篮球培训的意义是什么？是否值得投入时间和金钱，是否具有足够的价值？而这种价值又为什么会和父亲的观念冲突。

在此过程中可以锻炼孩子独立思考和分析问题的能力，还有换位思考，解决冲突和差异的能力。当然，儿子借到钱，说明他平时做人成功，积累了信用，才有同学借钱给他。信用是有价值的，所以为了让信用保持和增加，并发挥最大作用，我们要珍惜爱护信用。最后，朋友带着儿子一起，把300元钱及时还给了同学，并送上了小礼物表达感谢。

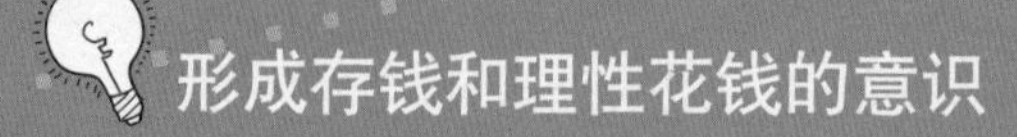

14 压岁钱我保管多少？

中国有句俗语：“大人盼种田，小孩望过年”，过年不仅有好玩的、好吃的，更有长辈们给的压岁钱。春节给孩子们发压岁钱是中国的传统之一。

春节到了，萌萌又“收获”了很多压岁钱，萌萌爸把萌萌叫到跟前，问萌萌说：“你知道长辈为什么给你压岁钱吗？“

萌萌：“是他们爱我，让我好好读书。”

萌萌爸：“嗯，长辈们是希望我们的乖萌萌在新的一年里健康成长，平安吉利。关于压岁钱，还有一个故事喔。萌萌你不是特别喜欢麦当劳那个会念rap（黑人饶舌音乐）的那个很会卖萌的‘年’吗？”

萌萌一听马上激动地手舞足蹈“哟、哟给我想吃的鸡腿，不然你会后悔，哟，哈哈，那个‘年’好搞笑啊，一直扭啊扭呢，还蒙了块布。”

“是啊，然后，大家怎么说的呢？”萌萌爸问。

“我知道，我知道”萌萌马上接过话，开始手舞足蹈地表演起来，“嘿，年，想想我的鸡腿，你口水流再多也没用，根本没商量。然后就是一个漂亮姐姐唱的，‘装酷不酷，小心吓坏小孩，红豆派红运当头，我们最厉害，巴拉巴拉吧’。”

萌萌憨态可掬的模仿，把萌萌爸逗乐了，直接滚在了沙发上。

“我们家萌萌太厉害了。”萌萌爸笑着说。

“那当然了”萌萌得意极了。

“那萌萌，你知道为什么那个叫‘年’的会吓坏小孩呀？”

“不知道啊，广告里就是这么唱的。”

“广告可不是随便乱说的喔，这是有来历的。爸爸给你说一个‘年’的故事吧。

中国古时候有一种叫‘年’的怪兽，头长尖角，凶猛异常，‘年’兽长年深居海底，每到除夕，就会爬上岸来吞食牲畜、伤害人命，因此每到除夕，村村寨寨的人们扶老携幼，逃往深山，以躲避‘年’的伤害。

又到了这年的除夕，乡亲们都忙着收拾东西逃往深山，这时候村东头来了一个白发老人对一户老婆婆家说，只要让他在她家住一晚，他定能将‘年’兽驱走. 众人不信，老婆婆劝其还是上山躲避的好，老人坚持留下，众人见劝他不住，便纷纷上山躲避去了。

当‘年’兽像往年一样准备闯进村肆虐的时候，突然传来白发老人点燃的爆竹声，‘年’兽混身颤抖，再也不敢向前了。原来‘年’兽最怕红色、火光和炸响。这时大门大开，只见院内一位身披红袍的老人哈哈大笑，‘年’兽大惊失色，仓惶而逃。

第二天，当人们从深山回到村里时，发现村里安然无恙，

这才恍然大悟，原来白发老人是帮助大家驱逐‘年’兽的神仙。人们同时还发现了白发老人驱逐‘年’兽的三件法宝。从此，每年的除夕，家家都贴红对联，燃放爆竹，户户灯火通明，守更待岁。这风俗越传越广，成了中国民间最隆重的传统节日—过年。”

萌萌：“哇，原来红色是可以压住‘年’的喔。”

萌萌爸：“对呀，所以萌萌的压岁钱都用红包包起来的呀。这压岁钱呀，也是有故事的喔。

古时候，有一种小妖叫祟（suì），大年三十晚上出来用手去摸熟睡着的孩子的头，孩子往往吓得哭起来，接着头疼发热、生病。因此，家家都在这天亮着灯，坐着不睡，叫做‘守祟’。

古代在嘉兴府有一户姓管的人家，夫妻俩老年得子，视为掌上明珠。到了年三十夜晚，他们怕‘祟’来害孩子，就逼着孩子玩。孩子用红纸包了八枚铜钱，拆开包上，包上又拆开，一直玩到睡下，包着的八枚铜钱就放到枕头边。夫妻俩不敢合眼，一直陪着孩子守‘祟’。

半夜里，一阵狂风吹开了房门，‘祟’来到孩子的枕边，孩子的枕边竟裂出一道亮光，祟急忙缩回手尖叫着逃跑了。

第二天，夫妻俩把用红纸包八枚铜钱吓退‘祟’的事告诉了大家，以后大家学着做，孩子就太平无事了。原来，这八枚铜钱是由八仙变的，在暗中帮助孩子把‘祟’吓退，因而，人们把这钱叫‘压祟钱’。又因‘祟’与‘岁’谐音，随着岁月的流逝而被称为‘压岁钱’了。”

萌萌：“喔，原来是压那个叫‘祟’的妖呀。”

萌萌爸：“是啊，萌萌你现在多幸福呀，有那么多的压岁钱，你知道爸爸小时候的压岁钱是多少吗？”

萌萌：“爸爸的手比萌萌的大，肯定能拿好多压岁钱。”

萌萌爸：“哈哈，才没有呢。我们那时只有一元、二元钱的压岁钱，能买几个小炮儿、几块糖、一本小人书或一包大的

爆米花儿。”

萌萌：“那么一点儿，真可怜。”

萌萌爸：“压岁钱都是爷爷、叔叔、阿姨们辛辛苦苦挣来的钱，无论给的多少，都表示对你们小孩子的关心和爱护，是对你们的美好期望和祝贺，也是对晚辈的期待。所以你要把压岁钱保管好、使用好。”

萌萌：“好，那我该怎么用呢？”

萌萌爸：“我们一起来商量一个压岁钱的使用计划，然后按

照计划执行，好不好？”

萌萌：“好。可是我想买发夹和漫画书。”

萌萌爸：“没问题的呀，我们先把压岁钱分成两部分，一部分由你保管，另一部分由妈妈帮你保管。这样行不？”

萌萌：“行，那我保管多少？”

萌萌爸：“现在你可以保管500元，今后你长一岁多增加100元。这500元钱由你自己负责，爸爸、妈妈不干预，但要监督、检查。

使用的时候记好账，学会计划开支，你可以写一个开支清单计划，为自己的各项开支作一个大致的预算。

如：学校订购报刊资料。这可以帮助你开阔眼界、增长知识，养成爱读书的好习惯；又可以与同学交流阅读、增进情谊。购买学习用品及益智玩具。

献爱心。根据自己的实际情况，为贫困落后地区的小朋友奉献爱心，帮助失学少年儿童上学，开展‘一帮一’活动等。

给长辈送小礼物。在长辈（包括父母）生日或者有意义的节日，送点经济实惠而有意义的小礼物，这可以让萌萌学会感恩。

去旅游。这能增长知识，陶冶情操。我们带你去旅游，你自己也要出一点点钱。萌萌，你看这样的建议可以吗？”萌萌

想了想同意了。

萌萌爸：“另外一部分压岁钱，现在由妈妈帮你暂时保管，妈妈会帮你存起来或者帮你投资，等你18岁了，再交还给你。”

萌萌：“投什么资呢？”

萌萌爸：“投资有很多的方式，而且市面上也有很多的理财产品。你知道存钱，存钱是有利息的。等你长大一点再和爸爸一起学习投资和理财。”

压岁钱的使用，父母最好扮演建议者和指导者的角色，“主权”由孩子掌握。多从“感恩”、“关怀长辈”、“做有价值的事”的角度去引导孩子，让孩子用得来的压岁钱为长辈们送一些“温暖”“可爱”的小礼物；或用来做一些买书、旅游等有意义的事。

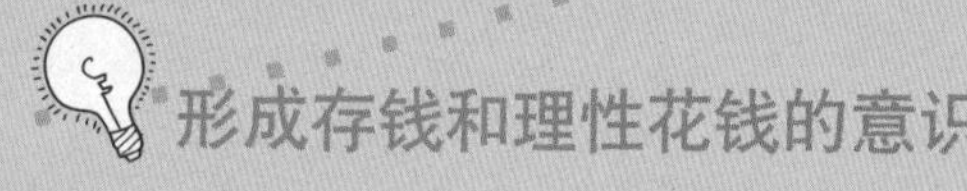

15 存钱罐会变什么魔法?

一天，萌萌妈妈下班了，开门进屋，萌萌兴冲冲地跑过去抱妈妈。

萌萌妈：“这段时间萌萌真乖，看妈妈给你买了一个礼物呢。”

萌萌高兴地接过礼物，看了看礼物包装：“是小汽车？”

萌萌兴冲冲地打开了礼物，“妈妈，这是什么？”

萌萌妈：“宝贝，这是存钱罐。”

萌萌：“妈妈，存钱罐是干什么用的？”

萌萌妈：“你可别小看存钱罐喔，它可是比大卫•科波菲尔还厉害的魔法师喔。来，妈妈给你讲个存钱罐的故事。

距离现在七百多年前，在我国元代有一个商人叫沈佑，他们住在江苏的周庄。沈家算是当时很有钱的人家，有千亩良田，还经营有米店、酒庄等。沈佑生了一个儿子，名字叫沈万三。

小万三特别喜欢他们家的管家，管家也喜欢逗他玩，并教他算术知识。管家经常看见小万三手里拿着钱玩，有时还弄丢了。

于是管家想了一个办法：从酒庄取来一个空的陶瓷酒坛，让小万三将零钱放入其中。

管家还要求小万三自己建立了账本，存取都必须记账，小万三特别认真，都按管家要求做。就这样小万三的心中就树立了理财意识，从不乱用钱。

管家就将这个酒坛取名为‘聚宝盆’.

后来小万三长大了，他先后迁居苏州、南京做生意，越做越大，成了当时江南“第一富商”。而这个“聚宝盆”都一直跟随着沈万三。

萌萌，你看小万三就是用存钱罐养成了好的用钱习惯，我们向小万三学习，好吗？”萌萌妈说。

萌萌：“好。”

几天过去了，萌萌经常把存钱罐抱出来摇一摇，“这里面有多少钱呢？”

萌萌看见了妈妈，对妈妈说：“妈妈，我想看看这小白兔肚子里有多少钱？能不能买糖吃呢？”

萌萌妈：“萌萌，存钱罐里的钱，就是要积少成多，你要克

制住，等钱存多了，我们再打开，等到爸爸下个月过生日，你用存钱罐里的钱为爸爸买个生日礼物，好吗？”

萌萌想了想，答应道：“好。”

一个月过去了，萌萌爸的生日到了，萌萌和妈妈一起打开存钱罐，取出了钱和萌萌一起数钱。

萌萌很兴奋地说：“妈妈，有21元钱了！我们给爸爸买个什么生日礼物呢？”

萌萌妈："哈哈，你知道了积少成多的魔力啦！你有这么多钱了。"

萌萌妈带着萌萌去商场，精心挑选后，萌萌看中了一副手套："妈妈，这个15块钱，爸爸带上手套，冬天开车就不冷了。"

萌萌妈眼里泛出了感动的泪光："我们家萌萌真是个体贴的好孩子。"

母女俩回到家，萌萌给爸爸送上了生日礼物，还给爸爸唱了生日快乐歌！

萌萌爸爸高兴极了，并知道了存钱罐的事情，也向存钱罐里放了一元钱。

一家人都表扬萌萌懂事了，是个乖孩子。

萌萌妈："宝贝，你要把存钱罐放好，保管好它，里面有钱了，不然狐狸知道了，晚上会把存钱罐偷了去。"

萌萌："好吧，我晚上抱着它睡觉。"

萌萌兴奋得地抱着存钱罐睡着了，做了一个美丽的梦。

目前有条新闻让大家大跌眼镜，一个27岁的沈阳小伙李博，不用父母掏钱，用自己10年以来的压岁钱和为父母做家务劳动的“工资”买了房子。

“存钱罐”不仅可以让孩子了解积少成多的含义，更重要的是“日积月累”让存钱罐变“沉”的过程，其实也是一个坚持、持之以恒的过程，对培养孩子执着的品质很有帮助。

16 开源和节流哪一个更重要？

萌萌星期天有空闲时候按照妈妈的要求背成语接龙，一个成语后一般都接20多个成语。虽然大部分成语她现在还不知道意思，妈妈想让她自己今后慢慢地去接触、理解。

有一天，萌萌背着“开源节流”这个成语时，问：“爸爸，开源节流是什么意思？”

萌萌爸：“开源就是开辟财源，靠自己的智慧和本领，去挣钱，去创造财富；节流就是节省开支，对生活中不必要的花销尽量节省。一个人做到这两个方面，钱就会多了。”

萌萌：“那开源和节流哪一个更重要呢？”

萌萌爸：“都重要，先要有本事去赚很多的钱，才有可能累积财富。但是，即使你赚了很多钱，不节约、乱花钱，那赚来的钱很快就会花光。另外，如果你只是节约用钱，不会赚钱，那就更没有希望成为有钱人了。”

萌萌：“不清楚。”

萌萌爸：“如果非要说开源和节流哪一个重要的话，我认为应该是开源。钱是赚来的，不是靠克扣自己攒下来的，所以你要努力学习，以后掌握赚钱的本领，知道吗？”

萌萌：“知道了！”

萌萌爸："我给你讲一个民间故事就更明白了。

从前，在一座山下，住着一个叫吴成的农民，他一生勤俭持家，日子过得无忧无虑，十分美满。

他临终前，把一块写有'勤俭'两字的横匾交给两个儿子，告诫他们说：'你们要想一辈子不受饥挨饿，就一定要按照这两个字去做。'

后来，兄弟俩分家时，将匾一锯两半，老大分得了一个'勤'字，老二分得一个'俭'字。老大把'勤'字恭恭敬敬高悬家中，每天日出而作，日落而息，年年五谷丰登。然而他的妻子却大手大脚过

日子，孩子们常常将白白的馍馍吃了两口就扔掉。久而久之，家里没有一点余粮。

老二自从分得半块匾后，也把“俭”字供在中堂，却把“勤”字忘到九霄云外。他疏于农事，又不肯精耕细作，每年所收获的粮食就不多。尽管一家几口一直是节衣缩食、省吃俭用，生活过得结结巴巴，很是艰难。

这一年遇上大旱，老大、老二家中都早已是空空如也。他俩情急之下扯下字匾，将‘勤’、‘俭’二字踩碎在地。这时候，突然有纸条从窗外飞进屋内，兄弟俩连忙拾起一看，上面写道：‘只勤不俭，好比端个没底的碗，总也盛不满！’‘只俭不勤，坐吃山空，一定要受穷挨饿！’兄弟俩恍然大悟，勤’、‘俭’两字原来不能分家，两者相辅相成，缺一不可。

兄弟俩吸取教训以后，他俩将‘勤俭持家’四个字贴在自家门上，提醒自己，告诫妻子儿女，身体力行，此后日子过得一天比一天好。”

萌萌爸：“萌萌，你看，故事中，老大辛苦劳动，会开源，但他老婆却不会节流，结果日子过得苦。老二家懂得节约，但没有开源就没有收获，家中也是空空如也。”

萌萌：“嗯，只有开源和节流并重，才能过上好日子。”

萌萌爸：“萌萌，太聪明了，节约，就是养成不浪费的好习惯，做

起来相对简单，重要的是持之以恒；开源可不是那么容易喔。开源是有条件的，除了不怕吃苦，还要拥有智能、毅力、能力、方法等才有财富的收获。所以萌萌一定要好好学习，增强自己的本领。知道吗？”

萌萌：“原来开源和节流是两个不可分的‘兄弟’，缺一不可。”

知识小卡片

奥巴马接受媒体采访时表示，他一直很努力培养两个女儿开源节流的观念。他要求女儿们学习基本的理财知识，包括储蓄账户、银行利息和财务管理等。奥巴马认为女儿已经到了可以打工挣钱的年纪，替别人照顾孩子的保姆工作也许是个不错的选择。

家长朋友可以和孩子一起做些不错的尝试：

1. 鼓励孩子做些有偿的家务。

2. 建立家庭财务规划。

让孩子参与家庭生活日常开销的花费过程。

3. 向孩子灌输储蓄观念

让孩子从小就能了解“钱能生钱”的道理，也为他们长大后进行资本投资奠定基础。

4. 让孩子从小学习投资

可以根据情况，让孩子了解和接触一些理财和投资的工具，让其慢慢有一些观念和意识。

钱不仅可以买到很多物品，也是一种资本，可以带来更多的财富。

17 为什么都要记在小本子上？

有一天萌萌放学回家。

萌萌：“妈妈，给我一元钱，我的红领巾不知道丢在哪儿了，要买新的红领巾。”

萌萌妈：“这周不是才给你零用钱了，今天才星期三就用完了吗？”

萌萌：“早用完了，这两天放学后我都在校门口买奶茶喝了。”

萌萌妈：“零用钱是这一个星期的，你要安排好不能一两次就把它用完了。现在要花钱的时候，你就两手空空啦。根据我们签的零用钱协议，我今天可以借给你一元钱，但这一元钱要从下周的零用钱里面扣除。”

萌萌因为之前签了合同，只好嘟着嘴勉强同意。

萌萌妈想着萌萌对钱这么没概念，心想要让萌萌的理财观念得到落实，于是在萌萌做完了作业后就把萌萌叫到跟前对她说：“萌萌，我们从今天开始对零用钱记账，行不行？”

萌萌：“行，可是要怎么记账呢？”

萌萌妈找来了一本漂亮的笔记本，封面上是一个可爱的喜羊羊。

萌萌妈：“我先给你画一张记账表，每周记一张。”

萌萌妈和萌萌一起画记账表。

萌萌的零用钱记账本

年 月 日—— 月 日

类别	内容		计划	实际金额	与计划差额	原因
收入	上周余额					
	零用钱					
	酬劳					
	借钱					
	其他收入					
	合计					
支出	储蓄					
	礼物馈赠	礼物				
		捐赠				
	消费	投资性支出（买书等）				
		消费性支出（买零食等）				
	还款					
	其他支出					
	合计					
	剩下的钱（转到下周）					

萌萌妈：“怎么填这个表呢？先要知道哪些是收入。收入就是你得到的钱。收入项目有：上月剩余钱、当月零用钱、做家务赚的钱、其他收入(长辈给的钱等)。”

萌萌妈：“然后要知道什么是支出。支出就是你花了的钱。支出项目分为储蓄、礼物或捐赠、消费和还钱等。”

萌萌妈：“在支出项目中，要分清楚‘消费性支出’和‘投资性支出’。消费性支出是指用在零食、娱乐方面的钱；投资性支出是指用在买书、储蓄等对未来有投资意义的支出。”

萌萌妈；“收入减支出就是结余。我们先一起按照要求来填，你慢慢就学会了。今后你就要认真填写，才会有第二个星期的零用钱。知道吗？”

萌萌很不高兴地回答：“知道了。”

萌萌妈：“记录零用钱账目的目的不光是为了记录收入和支出，而是让你熟悉‘财务规划’的概念，就是养成有计划地花钱。财务规划是要确切地掌握平时相对固定的收入和支出规律，提前做好计划，以便在急着花钱的时候有所准备。”

萌萌还是没有听懂。

萌萌妈：“让你记账，不是想控制你用钱，而是让你从小学会记录自己的真实生活，其中也包括花钱这一项。如果账记好了，没有乱

花钱，按照合同，爸爸妈妈每年还要给你增加零用钱。再长大一点咱们就用电脑记账。好不好？”

萌萌高兴了，拍手说："好。"

萌萌妈："这个记账本，我们每周星期天要检查分析，看看收入和支出。什么是对的，什么消费可以商量的，哪些是可支出或不应该支出的，哪些钱花多了，哪些钱花少了。这样做可以让萌萌明确消费目的，培养你正确的消费观念。"

萌萌："真麻烦啦！"

萌萌妈："不是麻烦，萌萌，你通过现在记账养成了好的消费习惯，久而久之就会有愈来愈多的余钱，你就是班里'小富翁'了。萌萌慢慢就可以养成储蓄的习惯，就不会变成'月光族'了。

萌萌妈："想不想当'小富翁'？"

萌萌听到小富翁，眼睛一亮大声回答："想当。"

萌萌妈："那好，我们一起努力，你现在就要开始改掉乱花钱的小毛病，好吗？"

萌萌笑着说："嗯，为了当小富翁，我一定改掉乱花钱的习惯！"

记录零用钱账目的目的不光是为了记录收入和支出，而且让孩子熟悉“财务规划”的概念。从小懂得“财务规划”的孩子，将来在金钱问题上会更得心应手，零用钱记账本的教育正是“理财教育”的基础。

孩子通过自己制作零钱记账本，能更好地把钱花到最需要的地方去，从而形成良好的理财习惯。

18 怎样花钱才更有价值？

萌萌放暑假，在家画画，天气炎热，她有些漫不经心，走神了。

萌萌爸见状，走过来，刮了刮她的小鼻子："来，萌萌，我们做个游戏，好吗？"

"好。"萌萌一下子来了精神。

萌萌爸找来一个盒子和十张卡片。在卡片上分别写上了：急救包、一件古董、5万元钱、火柴、珠宝、铁锅、矿泉水、黄金、饼干、羽绒衣，然后将这些小卡片放进盒子里。

"萌萌，现在我们来做'选宝'游戏，你先从盒子里选出自己认为值钱和没有价值的各两样东西。"萌萌爸说，"开始了。"

萌萌开始选值钱的东西了，萌萌拿出来又放进去，放进去又拿出来，反反复复折磨了好一阵，终于选好了。

萌萌爸看了看，萌萌选的最值钱的东西是黄金和珠宝，没有价值的是火柴和饼干。他问萌萌："你为什么这样选呢？"

萌萌回答："黄金、珠宝都很值钱，火柴和饼干就几元钱。"

萌萌爸："对的，这就是价格的区别。那要是一个人因为飞机失事掉到大海里，他漂到一个孤岛上，这时候他应该选什么呢？萌萌。”

萌萌想了一会儿，说“饼干和急救包。”

萌萌爸：“对，这就要看自己的环境，有的东西在不同的环境就会

体现出不同的重要性。在孤岛上钱、珠宝、黄金都没用，那时候饼干、急救包、火柴这些最有价值。这个游戏就告诉我们：财富是相对的，价值多少不重要，关键是要对自己和社会有用。我们从小要形成正确的财富观。”

萌萌：“正确的财富观是什么呢？”

萌萌爸：“正确的财富观有两个方面：一方面是拥有健康的金钱观，世界上有很多东西是比金钱更重要的财富，比如积极上进的心态；家人之间的爱，创造力等等；另一方面是合法挣钱，合理花钱。现在你最重要的是学会合理花钱。”

萌萌：“那你要把钱给我，我自己安排。”

萌萌爸想了想，说：“好的，儿童节马上就到了，我和妈妈带你出去玩，你就自己安排用钱。”

萌萌非常高兴，在家里跳上跳下，天天盼着儿童节的到来。

现在有70%以上的小孩都有零花钱。其实给孩子零花钱是孩子的一种成长需要。让孩子自己搭乘公交车、买文具、图书，其意义是通过“购买”这种最重要的社会生活方式，培养孩子的独立生活能力。

图书在版编目（CIP）数据
童眼看财富 / 冯伟，谢廖斌著. 一成都：西南财经大学出版社，2013. 10
（金萌萌财商启蒙）
ISBN978-7-5504-1221-7

Ⅰ. ①童… Ⅱ. ①冯…②谢… Ⅲ. ①财务管理—儿童读物 Ⅳ. ①TS976 15-49
中国版本图书馆CIP数据核字（2013）第238724号

金萌萌财商启蒙——童眼看财富
冯 伟 谢廖斌 著

策　　划 何春梅
责任编辑 王正好
责任校对 傅倩宇
装帧设计 杨红鹰
责任印制 封俊川
插　　画 陆依然 王 通 李 萍 田 嫚

出版发行 西南财经大学出版社（四川省成都市光华村街55号）
网　　址 htt://www. bookcj. com
电子邮件 bookcj@foxmail.com
邮政编码 610074
电　　话 028-87353785 87352368

印　　刷 四川新财印务有限公司
成品尺寸 170mm×210mm
印　　张 7
字　　数 50千字
版　　次 2013年10月第1版
印　　次 2013年10月第1次印刷
书　　号 ISBN978-7-5504-1221-7
定　　价 30. 00元